ARTISTS' HOMES

ARTISTS' HOMES
艺术家的家

《艺术家的家》编写组 编

潘潇潇 译

广西师范大学出版社
·桂林·

images
Publishing

目录

1　那些有故事的家

4　城市中的大型展示墙

12　艺术家的住宅

22　林荫道上的住宅

32　林中的庇护小屋

42　作家和园林设计师的高架住宅

50　淡水艺术之家

58　花园房子

66　隐居之所

78　家庭艺术工作室

84　陶艺师的家

92　画家的家

102　作家的住宅

108 莎曼巴住宅

120 隐秘的居所

128 黄铜之美

136 索诺玛风情

144 梅洛公寓

152 韦伯斯特的工作室

162 音乐之家

170 建筑师的住宅

176 彼得的家

186 雷吉娜的家

196 乌克兰现代住宅

210 独一无二的画布

220 艺术家的小屋

226 湖畔的住宅

236 加州的作家公寓

244 项目信息

那些有故事的家

设计一个能够满足基本生活需求的房子已是一项艰巨的任务，如何将房子与每个家庭的独特需求联系起来更是一项不小的挑战。如果是为本就极具创造力的艺术家设计住宅，可以说是难上加难。设计师需要考虑如何才能设计出富有创意的住宅——无论是位置偏远的别墅、面积不大的公寓，还是典型的郊区房子。我们需要调动所有感官，从视觉、听觉、嗅觉甚至味觉入手，同时还要满足不同个性的业主、他们的家庭成员以及房屋周围环境的要求。

一些人认为现代住宅是居住的机器，是为了改善居住者的生活条件而设计的。然而，在为艺术家设计住宅时，设计师还需要考虑特殊的功能需求和艺术表现等问题。例如，在一栋住宅内，我们需要处理的可能是用来存放摄影器材或者支撑画布的一个简单的结构，也可能是一些大理石或钢制雕塑作品需要的配以滑轮系统或是厚重底座的装置；而在另一栋住宅内，一位音乐家需要的则是一个有着完美声学效果的房子，以便其创作出动人的曲子。

这些无疑增加了住宅设计的复杂性，除此之外，我们还需要意识到，这些住宅中不仅住着艺术家，还有艺术家的家人——他们也对住宅有着自己的想法。

对于设计住宅的建筑师和室内设计师来说，一定要考虑到空间对创造力的影响。艺术家的创作会受到空间氛围的影响。可以想象一下小说家的生活：在山林中一栋古朴的住宅内，故事书般的场景里摆放着一台打字机……

在很多艺术家的住宅内，你会发现空间的形式和色彩是其个人风格的真实写照。这些住宅有的拥有明亮、开放、充满活力的空间，意在激发创作灵感；也有与之形成对比的光线昏暗、安静的住宅，意在打造沉浸式的创作氛围。

想象一下作为居住者的艺术家与他们的设计师一同打造住宅的场景：双方为了共同的目标而努力，可能一拍即合，也可能出现分歧。对于设计师来说，能够被选定为艺术家设计住宅本就是莫大的荣幸，这无疑需要付出超乎寻常的努力。在此，请大家关注一下，在本书所收录的作品中，设计师是如何与艺术家达成共识的。浏览本书时，我们要以批判的眼光去理解艺术家所在的领域与其住宅空间的联系，以及建筑师或室内设计师对每一位艺术家的特定需求做出回应时的表现方式。

为了充分理解这些作品，我希望大家可以深入研究各位艺术家的作品，以及为他们设计房屋的建筑师的作品，以了解他们是如何彼此影响的。如果能够找到他们彼此吸引从而决定联手打造这些住宅的原因，你们一定会从中获得启发。

丹·布鲁恩（Dan Brunn）

丹·布鲁恩建筑事务所

城市中的大型展示墙

日本，二宫町

这是一栋兼具工作室功能的住宅，位于日本浮世绘画家广重（Hiroshige）曾经描绘的东海道地区。住宅将居住空间、展览、工作室和城市探索等多重功能整合在一起。业主是一名画家，他和他的妻子、孩子及母亲三代人共同居住在这里。

该住宅的设计理念是"在城市中竖起一面挂着画家作品的大型展示墙"：这面"墙"建在场地的对角线上，充分利用了场地的最大长度，而这条对角线也成了起居室与工作室之间的分隔。其中，工作室的面积占据了房屋总面积的三分之一，这也表明了业主的身份。工作室还可以用作展廊，从房子的外面可以看到画家创作和生活的场景。

雕塑般的建筑外形减轻了城市的压力感。倾斜的屋顶和"展示墙"组合成由窄到宽、由高到低的异形空间。该建筑不同寻常的造型非常引人注目，路过此处的行人都会不自觉地驻足、回望。其实从一开始，画家就有一个愿望：在东海道旁建造一栋最显眼的住宅兼工作室。这栋住宅将他想象中的空间变为现实。

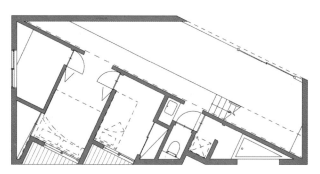

一层平面图

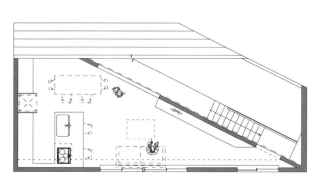

二层平面图

对页图：夸张的三角形浴缸可以突出房间的比
例和形状

本页图：二层的起居室、厨房和餐厅使用了大
量木材，给人一种舒适、温馨的感觉

艺术家的住宅

美国，西雅图

一对年轻的夫妇找到 Heliotrope 建筑事务所，委托他们设计一栋带有艺术工作室的住宅。这对夫妇分别是艺术家和工程师，他们列出了几条对于新家的要求：要与街道保持视觉联系，同时保证私密性，实现二者的平衡；内部拥有充足的自然光线；室内空间给人以艺术画廊的感觉；要有独立的客房……

由此形成的布局容易让人联想到棋盘般的方格图案。主要起居区和用餐区连接着前方的入口庭院和后方的露台，居住者可以从后院看到街道的景象。由于这栋住宅的主楼层高于地面，居住者既可以观察到街道上的活动，又能保留私人空间。于是，在这座人口密集的城市中，这栋住宅成了一个景色宜人的庇护所。艺术工作室占据了一个双层通高空间，旁边是主生活区。主生活区是一个下沉式空间，下降了半层的高度，以起到空间分隔的作用。在主卧室，居住者可以透过窗户看到日式庭院和远处的厨房。

业主夫妇经常在艺术工作室里并肩工作——一个沉浸在油画创作中，一个忙于创建网站。最终，这栋住宅以简单、雅致的设计满足了居住者的诉求，成为真正为他们量身定制的房子。

平面图

本页图：厨房中胡桃木台面的色调和
质地与干净的白色室内装潢相得益彰

对页图：大扇的玻璃窗建立起房屋内
外的视觉联系

对页图：室内布局形成了一系列的视觉联系

本页图：主要起居空间旁边的艺术工作室是一个通高的空间，这里采用了挑高的教堂风格的天花板，并下降了半层高度，以明确空间的分区

林荫道上的住宅

爱尔兰，都柏林

摄影师芬恩·麦卡恩（Fionn McCann）善于将交织在一起的情景片段变成具有感染力的动人照片，于是，设计师用同样的方式对他的家进行了翻新，打造出一个截然不同的艺术家的家。

这栋住宅曾经是一个旧仓库，位于爱尔兰都柏林的一条大道上。设计团队在保留仓库大部分原有结构的基础上对其进行了翻新，并巧妙地通过干净的面板展现空间的艺术气息。住宅的中央区域是一个通高中庭，中庭的天窗将光线引入这个宽敞的区域，为麦卡恩的摄影工作室提供了理想的工作环境。住宅内部包括杂物间、办公区、组合式厨房和用餐区，这些区域举架不高、色彩厚重，以此增加视野深度，其中杂物间的绿色墙壁和厨房的黑色橱柜与宽敞的白色中庭形成对比。

卧室和浴室位于二层。透过卧室的圆形窗户可以俯瞰中庭的景象，窗户能在视觉上建立空间连接，使家庭内部的沟通变得容易。住宅外立面用穿孔金属板打造的遮板以及室内的楼梯栏杆和混凝土地面使人联想到建筑的工业背景——仓库。此外，原有的立柱和横梁都被保留了下来，设计团队通过现代、新颖的装饰重新讲述建筑的历史，并以此作为空间的点缀。

本页图： 通往上层的楼梯用白色的钢制筛网进行加固，既保证了私密性，又能让人联想起原来这里曾是一个仓库

对页图： 通高的中庭区域明亮、开阔，整日沐浴在阳光里

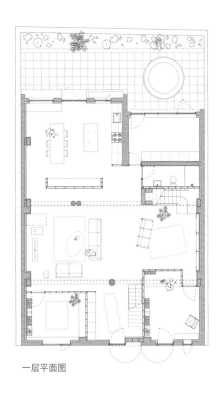

一层平面图

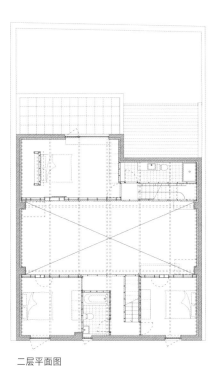

二层平面图

本页图： 透过卧室的圆形窗户可以俯瞰中庭的景象。窗户可以引入光线和景致，还能将两个空间联系起来

对页图： 住宅外立面用穿孔金属板打造的遮板使人联想到这栋建筑曾是一个仓库

林中的庇护小屋

巴西，瓦尔达斯韦德拉斯

业主夫妇想要一个可以看到青翠森林、欣赏大自然原始之美的居所，满足周末度假的需要。女主人是一位艺术家，男主人是一位作家。这里背靠湖泊，前面是大西洋森林（Atlantic Forest），周围原生树木丛生，生物丰富，是一个可以给人带来灵感的庇护小屋。

这是一个由旧谷仓改造而成的房子，此次改造将房子在水平方向进行延展，将其改造成三个体块，以充分利用这里美丽的自然风光。大型开放式客厅、餐厅和厨房位于中央区域，这里还有一个可以欣赏湖泊和花园景致的大阳台。整栋住宅共有五间卧室和四间浴室，以及男主人的工作空间。因为这个房子仅供周末使用，所以房间布局紧凑，以此促进家庭成员之间的互动。

室内整体装饰风格简单、质朴。这里有手工打造的混凝土墙面和未经装饰的厨房操作台。住宅外立面被覆以天然的不反光建筑材料，在保证获得足够光线的同时，使房屋与周围风景融为一体。业主可以在小屋里伴着虫鸣和鸟叫自在地创作和生活。

本页图：女主人很享受在由旧谷仓改造而成的艺术工作室里度过的时光

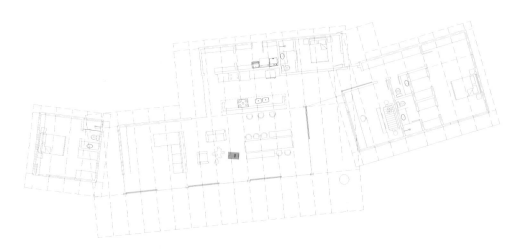

平面图

本页图：窗框和门框均为黑色，这样的色调有助于让房屋与森林融为一体

对页图：大阳台与花园相连，促进社交互动的同时，成为户外空间的亮点

作家和园林设计师的
高架住宅

美国，纽约

2012 年，飓风"桑迪"登陆纽约时，这栋有着百年历史的联排住宅受到袭击，地下室和一层被洪水吞没，业主一家被迫将物品存放在仓库里，暂时搬去别处。业主夫妇一位是著名作家、艺术家，另一位是园林设计师。后来，他们决定搬回原来的住处，于是，他们踏上了重建老房的漫长之旅。

想要修复这栋损坏严重的房子并非易事，设计团队首先要做的就是进行规划，以确保新的建筑结构能够抵御洪水。同时，他们增加了建筑的高度，加建的顶层公寓可以出租。他们对住宅的内部也进行了调整，并采用全新的设计方案来应对洪水，最终打造出一栋舒适的住宅。

主楼层抬高后，起居区变成了一个通高的多功能空间，整个区域沐浴在自然光中。设计师在起居区嵌入了一个夹层，通往夹层的楼梯下方摆放了一个定制书柜。房子外立面采用回收的砖块堆砌而成，以外露的钢筋结构为特色。同时，外立面还有一部分采用了铝制面板，在阳光的照耀下闪闪发光，与砖墙形成强烈的对比。室内的白墙、抛光的混凝土地面以及经过改造的老式木制家具共同营造了宁静、舒适的氛围。在阳光明媚的日子里，业主可以拉开滑动门，前往露天平台和花园——那里是绝佳的创作地点。

平面图

本页图：室内空间以老式家具和绿色植物作为点
缀，与花园相呼应

对页图：通往夹层的楼梯下方有一个专门定制的书
架，用来摆放业主的藏书

淡水艺术之家

澳大利亚，悉尼

这栋建于 1928 年的木制小屋由一系列交错的"立方体"构成，供业主居住并进行艺术创作和展览。其设计宗旨是将过去与当下、旧与新、工作室与住宅、艺术与生活整合在一起，而这些场景都是围绕着居住者展开的。设计团队将原有的挡风板和台阶变成了全新的内饰，呈现出一个集舒适、灵感、艺术气息于一体的住宅。

为了保留历史痕迹，设计师将外立面原有的外墙隔板保留下来，用作楼梯覆面。室内空间中，不同体块堆叠交错，以蓝色和黄色作为点缀，向这一地区盛行的怀旧风格的海滨木屋致敬。楼梯使用蓝色的木板做护栏，沿着楼梯向上可以看到连接艺术阁楼的夹层走廊，一直延伸到阶梯式客厅——那里摆放了长椅、组合式电视支架和书架。业主喜欢的陶瓷制品为他们的家增添了个性，例如，在浴室和艺术阁楼内摆放了一些美观的陶瓷花瓶和镶嵌艺术作品。同时，"壁板窗"使空间看起来充满创意，还能激发创作灵感。

入住后，业主一家人可以在用回收的砖石砌成的阳台上休息和放松：享用丰盛的菜肴，并且愉快地交谈。

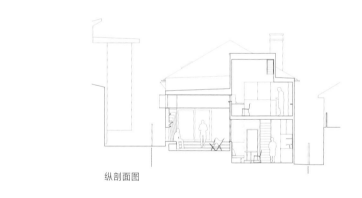

纵剖面图

横剖面图

对页图：除了拥有长座椅的夹层之外，
还有一条走道可以通往艺术阁楼

本页图：客厅内的长座椅延伸至下层客
厅的台阶

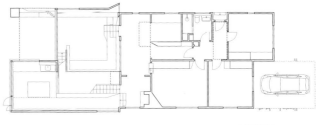

一层平面图

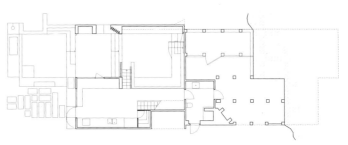

地下一层平面图

花园房子

英国，伦敦

这间花园别墅是服装设计师帕特里克·惠特克（Patrick Whitaker）和基尔·马莱姆（Keir Malem）的住宅、展廊和工作室。他们的服装设计作品在《哈利波特》《蝙蝠侠》和《神奇女侠》等热门电影中出现过。他们共同在屋顶花园中种植了 800 多种石南属植物和景天属植物，那里还有一个特别的金字塔形的塔楼。

生活空间位于一楼，连接着冬景花园。明亮的门厅铺着灰白色的人造石块，并被经过镜面抛光的不锈钢折射后的光线笼罩着。定制的钢架上陈列着惠特克和马莱姆的艺术藏品。楼梯通往二层，那里有用橡木板装饰的工作室，同时还是惠特克和马莱姆的更衣室和私人展厅。坡顶天花板提升了空间的高度，大量自然光线从天窗射入，成功地满足了业主对自然光线的需求。在这栋住宅内，天窗和采光井取代了窗户，这样可以保证住宅的私密性——因为项目场地周围还有其他住宅。

值得一提的还有令人惊叹的屋顶景观，那是由惠特克和马莱姆共同打造的——他们在斜屋顶的 V 形不锈钢托盘中亲手种下的植物。"绿色屋顶"最初是为了使项目获得相关的城市规划许可，但是后来逐渐成为可以发展他们园艺爱好的地方。

剖面图

对页图： 与橱柜融为一体的家电让厨房充满简洁的美感

本页图： 地砖使人联想到铺路石，营造了一种温馨的氛围

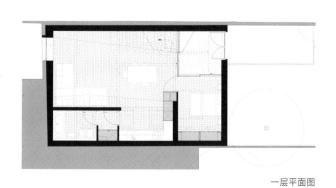

一层平面图

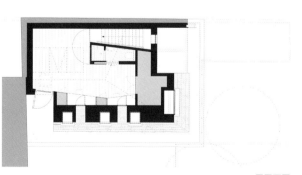

二层平面图

隐居之所

美国，洛杉矶

这是一栋与20世纪七八十年代洛杉矶艺术场景相关的建筑——采用极简主义美学，同时结合了这栋房子先前的建筑师弗兰克·盖里（Frank Gehry）的设计思路。整个一楼平面被打通，为视觉艺术家詹姆斯·吉恩（James Jean）创造了一个通透而舒适的办公、展览和生活空间。

这幢房子包括艺术家工作室、起居区、用餐区、厨房、化妆室、图书室以及客房。整个空间是按照画廊的陈列方式进行设计的，以便为业主提供更多的收藏和展示空间。Dan Brunn建筑事务所特意设计了一个楼梯墙，并利用木材、混凝土和玻璃等主要建筑材料呼应当时盖里所采用的建筑造型和材料搭配。倾斜的胡桃木壁板让人联想到日本茶馆，利用回收木料制作的咖啡桌也采用了日式传统工艺。

一楼开放、连续的空间氛围成功地将家居环境与工作室结合。设计团队还设计了一个小型温室——这里给居住者一个解压的空间，使他们能够与大自然亲密接触。

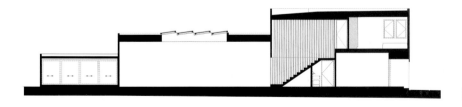
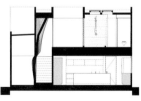

剖面图

本页图：宽敞的开放式起居空间摆放着简约风格的家具——这是为了引导人们将关注点放在詹姆斯 · 简的画作上

二层平面图

一层平面图

家庭艺术工作室

意大利，马诺佩洛

该项目是作家兼艺术家塞尔吉奥·萨拉（Sergio Sarra）的家和艺术工作室，位于意大利马诺佩洛的一处山顶上。赤褐色的外立面无疑是这幢房子的亮点。室内设计实现了萨拉的诸多想法，如通过醒目的砖墙饰面与房子周围的景观形成视觉上的关联。

设计团队在房子建造之前对场地进行了考察。最终完成的住宅从结构上看很像一个谷仓——这种结构在这个地区很常见。住宅内部设有两个通高空间：一个是可以俯瞰露台和泳池的客厅，另一个是萨拉的工作室。A形建筑体块分为两个部分，并嵌有一个双层中央空间：一层设有厨房、浴室、书房和杂物间，二层则设有三间卧室和一间浴室。客厅的玻璃墙不仅满足了萨拉对自然光线可以水平射入的要求，还可以让业主俯瞰令人叹为观止的山峦。整体空间的规划和布局与内外空间的视觉交织强化了住宅与场地的关系。

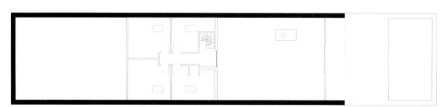

一层平面图

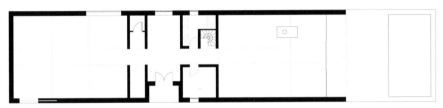

夹层平面图

对页图：A形建筑模块将住宅分为两个部分

本页图：工作室的光照一部分来自窗户，另一部分来自
从客厅水平射入的自然光

陶艺师的家

斯洛文尼亚，卢布尔雅那

这是专门为陶艺师坦贾·戈尔希奇（Tanja Gabrijelčič）设计的住宅。设计团队通过一个庭院，将住户的起居空间和工作空间统一在了同一个屋檐下，以适应趋于日常化的居家办公这一工作模式。业主希望这栋住宅能够为他在喧闹的环境中提供一处独立的空间。

内部空间被划分成三个区域：陶艺师的工作间，这里设有陶轮、窑炉及用于刻制、上釉和修饰打磨的工作台；中央起居空间是整栋住宅的核心，这里设有宽敞的餐厅、客厅，以及大型厨房；休息区内有一间大卧室、两间小卧室和两间浴室。这样的空间规划不仅丰富了居住功能和体验，还营造了不同的氛围。室外宽敞的庭院充当了过渡空间，不仅使各个空间相互连通，更使起居空间和办公空间直接联系起来。

住宅室内外均以中性色调为主：光滑的混凝土外墙和轻巧的水磨石地面呈现出雕塑般的质感，而木制的挑高天花板则营造了一种温馨的感觉。大扇落地窗将充足的自然光引入内部空间，当阳光洒在戈尔希奇精心制作的陶瓷展示架上时，房间充满了温馨的生活气息。

本页图：在夏季，居住者可以通过大扇推拉门进入庭院，在夏日的阳光里留下难忘的记忆

对页图：全景玻璃窗将自然光线引入各个区域，并建立起工作室和起居区之间的视觉联系

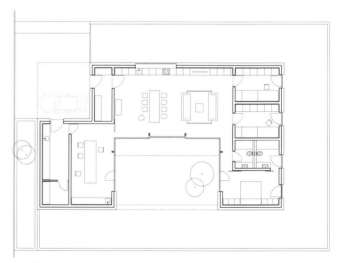

平面图

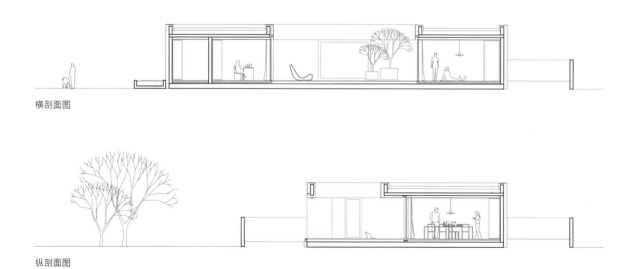

横剖面图

纵剖面图

画家的家

西班牙，高辛

著名画家约瑟巴·桑切斯·扎巴莱塔（Joseba Sánchez Zabaleta）被高辛田园诗般的村庄所吸引——那里地理位置优越，风景优美，视野开阔，日照充足，非常适合画家工作和生活。扎巴莱塔正需要这样一个创作空间，于是他找到了解自己想法的建筑师，在此建造了一座理想中的住宅。

这个家庭绘画工作室以直布罗陀海峡迷人的景色为背景，用一种不寻常的设计语言展示着艺术的气息。住宅位于村庄地势最高的位置，引人注目的白墙与周围环境十分和谐。作为画家，扎巴莱塔的首要要求是须有充足的自然光。画室位于建筑的底层，通高的设计使扎巴莱塔可以在这里创作大幅画作。此外，天井的设计也让自然光线得到更好的控制。阁楼由轻型结构打造，并面向工作区域敞开。起居区位于二层，这里是一个开放的空间，居住者可以在此欣赏优美的景致。这样的空间和环境给扎巴莱塔带来了充足的灵感，创作时他还会将他的狗带在身边。

在这栋住宅里，卧室与画室同处一个空间。业主可以通过位于后院花园的天桥前往屋顶。屋顶就像是一片白色的乐土，这里的泳池、天空和无垠的景色让人心驰神往。

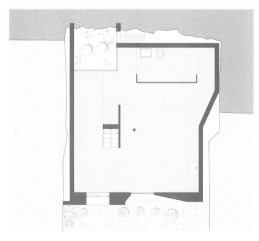

一层平面图

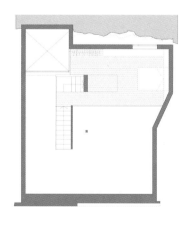

夹层平面图

本页图： 工作室内白色的钢框架楼梯通往向外延伸的平台，在平台上可以俯瞰到工作区的景象。设计师在工作区内为爱犬们设置了一处舒适的休息区，它们可以近距离看着主人工作

对页图： 应扎巴莱塔的要求，设计师将光线从用石料雕成的露台引入室内，让整个工作室都沐浴在自然光线中

二层平面图

屋顶平面图

作家的住宅

西班牙，赫雷斯－德拉弗龙特拉

英国作家、环球旅行者帕特里克（Patrick）在赫雷斯－德拉弗龙特拉密集的老街区找到了一块价格合理的土地，想要在那里建造一个充满创意的家。建成后的房子尽力寻求通风良好、自然采光均匀，为作家提供了一个温馨的家。

房子所在的地方隐藏于人们的视线之外，而且建造规模并不大，只有少数附近街区的居民知晓它的存在。对于33平方米的内部空间，每处布置的细节都经过谨慎思考：卫生间紧靠厨房家具而设；露台天窗充分利用楼梯的级高，以使底层空间实现通风；大扇窗户面向庭院敞开。设计师将传统材料（陶瓷，石灰和木材）组合在一起，使内部空间的配色更加柔和。小卧室位于一层中央，在露台和"丛林"之间。"丛林"这个名字是由业主起的，这是一个有着小池塘和大量充满异域植物的庭院，这些植物都是业主早年间旅行时带回来的纪念品。设计团队采取了各种方式为室内空间引入光线，并实现良好的通风。

这是一栋永远不会完工的房子，因为它是有生命的，业主将不断地赋予其新的意义。

本页图：宽敞的厨房内留出了充足的储存空间，与
方块图案的防溅墙构成了一幅轻松有趣的画面

对页图：住户可以通过楼梯直接从起居空间进入阁
楼中的卧室，设计师对居住功能进行了压缩，以满
足居住者在这个小型起居空间内的基本需求

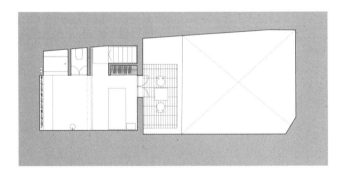

二层平面图

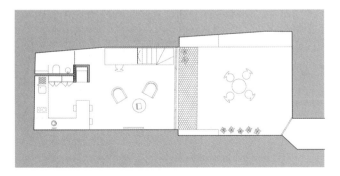

一层平面图

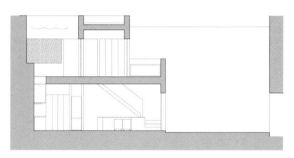

横剖面图

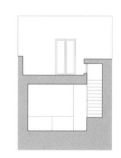

纵剖面图

莎曼巴住宅

巴西，彼得罗波利斯

凯瑟琳娜·威尔伯（Katharina Welper）是一位天赋过人的艺术家，她和建筑师丈夫罗德里戈·西芒（Rodrigo Simão）以及两个女儿住在巴西圣保罗北部的彼得罗波利斯。他们的住宅是由她的丈夫设计的。这栋房子与当地的自然环境十分和谐，但大面积的露天场地又让其变得与众不同。

房子的动线设计清晰流畅，引领居住者走向各个区域：花园、艺术工作室、树屋和泳池等。木制平台是入户标志，穿过玻璃推拉门便可进入采用开放式布局的室内。威尔伯的艺术工作室旁边设有通往露台的楼梯。百年古墙的旧石砖、从老建筑上拆卸下来的旧木板等回收材料被用到装饰布局、结构框架和地基中，与楼梯所用的粉盾籽木等当地材料相呼应。室内地面选用了抛光混凝土板，而墙体部分的混凝土和模架中的台面板则增加了住宅的粗犷之美。

薄薄的碳钢结构使房屋给人轻盈的印象。住宅悠闲自在的氛围也因体量感的减轻而得以凸显。设计师还将大扇玻璃窗应用到空间中，如玻璃幕墙，希望以此使住宅与周围的自然环境有更深层次的融合。

本页图： 房子的弧形屋顶和圆形泳池引人注目，与住宅悠闲的氛围相得益彰

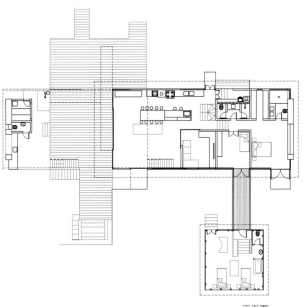

平面图

本页图：入口平台还可以用作户外生活区，业主一家人可以在这
里共度欢乐时光

隐秘的居所

澳大利亚，布里斯班

该项目位于澳大利亚昆士兰州布里斯班的一个高速发展的郊区，这里仅存少数几个住宅区。

这是一栋传统的昆士兰州风格的住宅，是艺术家基思（Keith）的家。建筑师通过巧妙的设计有效地营造了住宅的私密感，使其免受住宅西侧的 16 层建筑群及南侧正在开发的项目的影响。在住宅原有结构和层高的基础上，建筑师在房屋和花园之间设置了用木挂瓦条打造的屏风和幕墙，以进一步营造住宅的私密性。木制围护结构限定了影响空间和动线布局的石砌壁炉的范围。

一系列可用的平台可以迎合不同的使用需求，既能保证私密性，又具有灵活性。这些结构位于场地内高大的无花果树下，强化了各楼层之间的联系。艺术工作室设在一层，还可用作临时展廊。居住空间与工作空间有着明显的分隔界线，在那里可以欣赏到花园里的绿色景观。住宅的入口位于住宅后身，很好地保证了私密性。

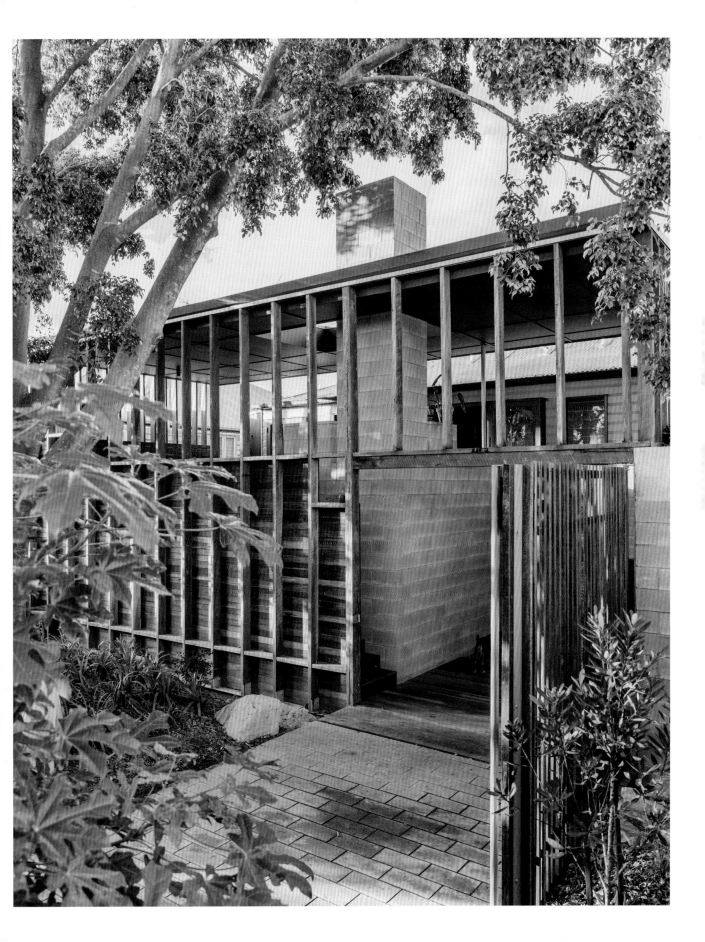

本页图：白天，住户可以在石砌壁炉旁享
受温暖的阳光。

对页图：艺术工作室设在一层，还可以
用作临时展廊

二层平面图

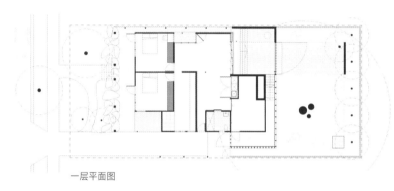

一层平面图

本页图：平台提供了灵活的空间，可以迎合不同的功能需求

剖面图

黄铜之美

荷兰，赞丹

这栋房子位于荷兰赞丹的汉布雷格地区，这里曾经是一大片工业场地，如今成了艺术家夫妇弗雷德里克·莫伦绍特（Frederik Molenschot）和伊斯帖·斯塔姆（Esther Stam）的家和工作室。建筑分为上下两层：办公室和工作间设在一层，居住空间和展廊位于二层。设计师将精致的细节融入简单的构造中，使室内空间充满艺术气息。

房屋内部设有两个楼梯，将一层与二层连接起来。开放式厨房、餐厅和主要起居区布局松散。设计师将白色涂漆、橡木和黄铜三种元素作为主要元素，这一点在厨房设计中表现得最为明显：厨房操作台是用黄铜打造的，台面被覆以美观的不锈钢，四面装满了橡木橱柜；靠玻璃幕墙设置的开放式层架打破了操作台的厚重感。原建筑的烟囱被改造成了天窗，将光线引入室内。白色的工业建筑横梁"俯瞰"着"人"字形图案的木质地板——两种简单的装饰元素相互协调。

燃木火炉是客厅的焦点所在，火炉附近摆放了一张舒适的沙发。大橡木桌和一套老式座椅上面摆放着艺术品。走进主卧室，首先映入眼帘的是一小丛清新的绿色植物，它们使房间的气氛瞬间活跃了起来。台阶通往夹层平台，那里摆放着一个浴缸，周围是绿意盎然的植物，看上去很像一片远离喧嚣的绿洲。

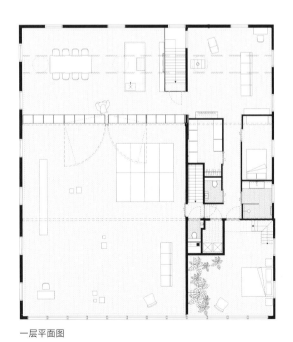

一层平面图

夹层平面图

本页图：简单的白色百叶窗可以调节进入室内的光线

对页图：夹层平台上方的天窗使住户有机会看到闪
烁的星空，一天的压力也会在泡热水澡的过程中得
到疏解

索诺玛风情

美国，塞巴斯托波

艺术家莱拉·卡尔森（Laila Carlsen）和她的丈夫拉斯·理查森（Lars Richardson）的住宅兼工作室是一个灵活的谷仓般的空间，里面摆满了收藏品，甚至还有农具。但是，业主夫妇需要更多的工作空间，同时还需要一间画室和一个存放收藏品的仓库，以避免它们因天气原因而损坏。设计团队起初打算对原有谷仓进行翻修，后来发现原有结构已经没有翻修的必要了，于是他们决定建一栋新房子。

设计师创造性地将传统的"人"字形谷仓屋顶放倒，创造出艺术工作室所需要的开放式空间，并从北面引入光线。开口结构采用的是木制和钢制框架，以此方便大幅艺术品的挪进挪出和对牵引车的操控。业主夫妇喜欢将木材作为装饰材料，例如，他们选择了细木家具，以留下对废弃谷仓的记忆。

厨房和餐厅的扩建结构被称作"变形虫"：基本的功能空间围绕着郁郁葱葱的室内绿色花园进行设置，形成弧线形墙体结构，与直线形谷仓形成鲜明对比。屋顶采用裸露的木制剪刀梁结构，并配有大扇天窗，将光线引入建筑内部，让住户和植物沐浴在阳光下。

对页图：已有百年历史的再生木壁板覆面呈现出琥珀色和枫木色的自然风化的色调，醒目的图案与周围郁郁葱葱的树林相映衬

本页图："变形虫"结构包含田园风格的餐厅和厨房，漂亮的绿色花园在其中扮演主要角色

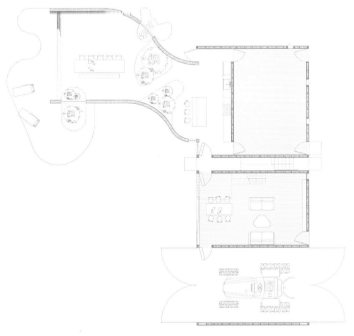

平面图

梅洛公寓

巴西，巴西利亚

梅洛公寓是为一对创意人士——摄影师塔米雷斯（Tamires）和开发工程师塞缪尔（Samuel）夫妇打造的。其中，身为开发工程师的男主人还是一位摄影爱好者。他们希望自己的家就像他们的猫梅洛一样优雅、温柔。项目的关键词是"视觉一体化"和"开放性"，设计团队所面临的挑战是如何建立起房间之间的紧密联系，但同时又能保证私密性。解决方案是用铁框架玻璃结构做隔断和房门，既能隔音，又不会遮挡视线和采光。

由于业主在家办公，设计师为业主打造了一个与生活区相连的开放式家庭办公室，还做了隔音处理。业主可以从家庭办公室看到厨房内的景象，这样就可以使视线变得流畅，空间也显得更加宽敞。长长的铁制书架变成了多功能元素，既将办公室分隔出来，又可以用于存放老式摄影设备、绿植等，还可以给厨房吧台留出更多位置。设计师通过灰色调的家具、艺术品为空间奠定了基础氛围，再搭配其他相对柔和的色彩，打破混凝土的冰冷感，为空间带来暖意。黑色喷漆的铁制结构出现在隔断和书架、厨房吧台等多种元素中。这种材料使空间线条既醒目又轻盈。

设计团队参考了巴西利亚这座城市盛行的"粗犷主义"风格，大量使用混凝土，并利用不同质感的材料之间的视觉对比，营造出对立的平衡感——粗犷与雅致、冰冷与温暖。

本页图：铁框架玻璃结构被用作隔断和房门

对页图：家庭办公区位于公寓中央，并通过长长的
铁制书架与其他空间分隔开来

平面图

韦伯斯特的工作室

英国，伦敦

该项目是当代艺术家苏·韦伯斯特（Sue Webster）的住所，其作品具有前卫的个性和直击心灵的冲击感。原建筑是一栋废弃的房屋，位于伦敦东部的马尔蒂莫路，其离奇的历史和当下不稳定的结构所带来的工程技术挑战刚好符合韦伯斯特的前卫个性。房屋的前业主是一位退休的土木工程师，他在原有的建筑下方挖了一个迷宫般的隧道。因此，本次设计是在挖土作业和保留部分材料的基础上展开的。

设计团队和业主就保留什么、改变什么和添加什么进行了协商，清理了废弃物，填平了隧道，并保留了原有的砖石。他们还拆除了将房子分成两栋的界墙，以打造一栋主张连贯性和对比性的开放式住宅，使老建筑重新焕发生机。在材料的使用上，设计团队使用了裸露的混凝土墙、木质装置和15000块再生砖。房屋中央采用了"十"字形结构，以实现空间分隔。新的设计一改建筑往日破败不堪的景象，实现了全新的开放式生活空间和下沉式景观花园。

设计团队挖了一个地下室，用作韦伯斯特的工作室，同时又建起两层楼，其中一层是宽敞的客厅，通过客厅的大扇飘窗可以看到街区的景象。建筑立面斑驳的水泥被保留下来，以此向这栋房屋的过往致敬。面向街道和私人车道的两扇门通向主要生活空间和地下工作室，室内光线充足、通风良好，并充满艺术气息。

本页图：修复后的建筑与周围的下沉式景观花园融
为一体

对页图：混凝土体块被完整地保留下来，使人们
铭记这栋住宅的历史

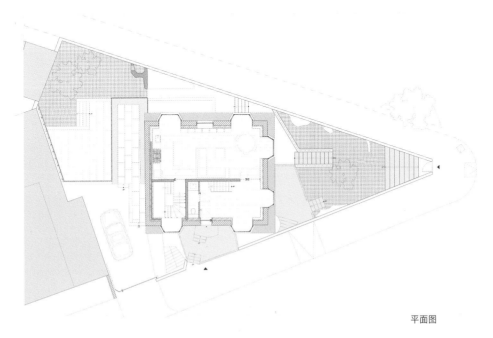

平面图

本页图和对页图：简单的混凝土墙与暖色调的木质
家具搭配，两种材料形成鲜明的对比

音乐之家

俄罗斯，新西伯利亚

这间公寓是一位年轻的吉他手的住所，同时还是他的音乐工作室和表演舞台。他在这里创作和录制音乐作品，并通过 YouTube 将它们从这间公寓向更广阔的地方传播。这里好像是一处庇护所：空间充满无拘束的创意旋律，流畅的动线取代了严格的分界线，自由度和流畅性为这栋住宅增色不少。

组合沙发和绿色真皮单人沙发明确了客厅的范围。客厅旁边有一个可以用作电视托架的多功能储物单元。如果需要更为清晰的分界，一端的旋转面板可以暂时充当墙壁。这种流畅的室内语言延伸至卧室：玻璃隔板将卧室与其他空间分隔开来，并通过视觉联系建立起空间的连续性。

厨房是整体设计的点睛之笔：这里用到了石砖、大理石操作台和瓷制台面；厨房一端是醒目的黑色区域，那里摆放着厨房电器。浴室仿佛是一个灰色调的避风港，墙壁和天花板采用了石块质感般的瓷砖，与淋浴区的图案装饰融为一体。客厅内有一个高于地面的平台，业主在这里搭建了一个小舞台，供其进行即兴表演或录制音频、视频时使用。这里有着蓝绿色的背景墙、扩音器和舞台灯光，配合室内的装饰和氛围，构成了一个舒适的家。

本页图：公寓内没有进行严格的区域划分，住户可以通过移动隔板来确定各个区域的边界

对页图：宽大的转角沙发和深绿色的皮制扶手椅是客厅的主角。实用的衣柜将这里与走廊分隔开来

平面图

对页图：公寓中最私密的房间——卧室不是通过墙壁
划分出来的，而是通过玻璃金属隔板实现空间划分的

本页左图和本页右图：卧室采用现代极简主义风格，
并以灰色、白色、黑色和绿色进行渲染

建筑师的住宅

俄罗斯，莫斯科

这个黑白色调的房子充满个性和私人符号。这是设计师兼建筑师谢尔盖·赫拉布罗夫斯基（Sergei Khrabrovsky）的家，其设计灵感来源于俄罗斯风格的前卫的几何造型，尤其是受到了建构主义（Constructivism）的启发。设计大量引用包豪斯的设计手法，将美观性和功能性结合。大量标志性物件遍布空间的每个角落，而家具则由赫拉布罗夫斯基手工制作，包括客厅的咖啡桌以及卧室的梳妆台、衣柜和床。除了这些功能性物件，这位艺术家发人深省的画作以其诙谐的特点吸引着人们的目光。这些画作大多是在 2020 年全球性流行病毒暴发期间创作的，分别表达了"饮食享乐""品牌崇拜""心灵束缚"等震撼人心的主题。

赫拉布罗夫斯基为黑白色调的空间引入了富有创意的内饰：白色大理石瓷砖采用了几何造型的图案；客厅内的立柱被漆成黑色，与白色的小公桌和储物单元形成鲜明的对比；俄罗斯方块般的白色架子也是由赫拉布罗夫斯基设计的，进一步强调了空间的设计主题——"建构主义"。

厨房有着酒吧一般的氛围。白色的橱柜与白色的大理石后挡板和操作台面，营造了一种开放的感觉；木制品的黑色拉手与客厅架子相呼应，在白色橱柜门的映衬下，看上去如同钢琴键一般；水波纹木制地板打破了单一的黑白色调，给这个氛围沉静的家带来了暖意。

本页图：立柱被设计成置物架，完美地诠释了
"建构主义"这一主题

对页图：著名设计师夏洛特·贝里安（Charlotte
Perriand）设计的木制椅成了这个单调的黑白空
间的"调色板"

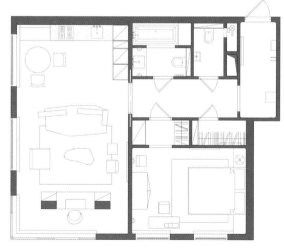

平面图

对页图：厨房内白色的橱柜门搭配黑色的拉手，看上去如同钢琴键一般，也呼应了客厅置物架的设计

本页图：受伊夫·圣洛朗（Yves Saint-Laurent，著名服装设计师）的启发设计出来的艺术品成为工作台上的焦点

彼得的家

丹麦，哥本哈根

这栋三层住宅位于哥本哈根的布鲁日岛上，是摄影师彼得·克拉西尔尼科夫（Peter Krasilnikoff）的家和工作室。建筑由车库改造而成，整体结构是由中央的黑色钢筋网格拼合而成的。建筑采用的是巴西硬木外立面，随着时间的推移，外立面会变成淡淡的银灰色，可以让这座房屋看起来十分与众不同。

彼得偏爱使用优美的线条、大自然固有的语言和融合不同色调、亮度的天然材料。一楼的入口、开放式厨房、餐厅和客厅均采用了现浇混凝土地面，与中庭柔和的浅色橡木墙面形成鲜明对比。紫红色天鹅绒窗帘、水磨石的厨房操作台、钢制镶板以及红色砖墙搭配在一起，提升了空间的美感。

中庭采用深色线条，其灵感来源于摆满黑钢的破旧仓库。玻璃中庭将自然光线引入住宅，让各个楼层都沐浴在阳光下。这里是住宅的绿色心脏，经过挑选的绿色植物以斯堪的纳维亚林地的方式种植。穿孔的黑钢楼梯从室内通往二层以及配有玻璃墙的"屋顶房"。屋顶露台栽有灌木，使住宅好像戴上了一顶绿色的帽子。在露台上可以俯瞰整个房屋，视野十分开阔。

本页图：灰色的混凝土地面使起居空间看起来整洁美观。从中庭射入的自然光线更是增加了空间的视觉美感

对页图：Dinesen品牌的浅色橡木墙板与钢制楼梯相互呼应。楼梯通往以浅色调为主的二层卧室

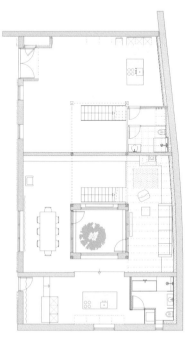

一层平面图

二层平面图

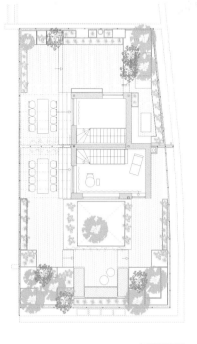

三层平面图

对页图和本页图：卧室的墙面、地面，甚至窗帘都采
用相同的色调进行搭配，与整个空间的背景融为一体

雷吉娜的家

西班牙，高斯

在西班牙阿特恩博达的高斯村，皮特·桑斯（Peter Sans）和他的妻子雷吉娜·索拉（Regina Saura）在他们的朋友设计的房子里安了家。桑斯是一位工业设计师，也是一位超现实主义艺术家，而雷吉娜是一位画家，在他们的新家里随处可见他们的艺术作品。除了画作之外，雷吉娜还想用最显眼的方式在外墙上留下她的印记，并以"自然主义"为主题打造属于自己的家。

这栋房子坐落在一片狭长的场地上，前来拜访的客人可以通过业主夫妇二人的艺术作品了解他们。露台上的蚂蚱雕塑、泳池边的金属蜘蛛，以及其他遍布各处的小型雕塑为这栋住宅增色不少。

室内采用简洁的线条——这是由场地和对隐私的需求决定的。场地的总体布局以空隙和庭院为主，意在将光线引入这样一个狭长的体块，同时也有利于空气流动。室内各个空间的范围都被明确地划分出来，创造了有序且视觉上连贯的动线。开放式客厅、餐厅和厨房以暖色调的木制家具为主。客厅里有一个长长的书架，上面摆满了各类书籍和桑斯的雕塑作品，墙上则挂着索拉的画作，夫妇二人一同打造了这个舒适又充满个性和魅力的家。

本页图：木制家具的深沉色调为室内空间增添了一丝暖意

平面图

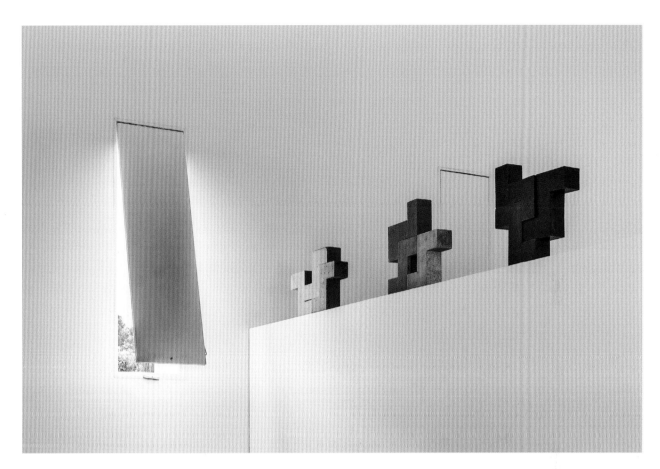

对页图和本页图：卧室采用简约的装饰，为住户提供
了一处解压的空间。设计师借助百叶窗来削弱光线，
使射进房间的阳光不那么刺眼

乌克兰现代住宅

乌克兰，基辅

这是乌克兰建筑师谢尔盖·马克诺（Sergey Makhno）的家，由马克诺亲自设计。住宅位于乌克兰基辅郊区的一个村庄内，采用乌克兰现代风格，并遵循日本的侘寂美学（wabi-sabi）——在不完美中寻求美。建筑师对每个角落都进行了特别的细节处理，让这个家变得非常个性化。

稻草屋顶下，客厅和餐厅贯穿了整个一层空间。墙体采用了马克诺曾祖父母的住宅中所用到的材料，例如，掺入了亚麻籽、黑麦和小麦的黏土。巨大的落地窗将日式庭院景观引入室内，同时也将光线引了进来，照亮一面摆满了马克诺的陶瓷藏品的墙。摆放陶瓷藏品的展架是由在废弃房屋中收集到的木材制成的。

卧室和客房位于二层，围绕大厅设置。大厅的尽头是一个可以俯瞰陶瓷藏品长廊和花园的阳台。每个儿童房都采用简约时尚的风格，却又各具特色：有马克诺为每个孩子专门设计的装饰品，如陶瓷玩具和壁纸；大儿子卧室的地板由有着500年历史的橡木制成，是房间的焦点。主卧非常宽敞，被划分成书房、休闲区和带卫生间的卧室等几个区域。最引人注目的则是榻榻米床头板——仿照黏土峭壁雕刻而成，展现出了原始的美感。

对页图和本页图：客厅的陶瓷藏品长廊用废弃的木
材进行装饰，厨房也是如此

本页图和对页图：艺术品遍布住宅的各个角
落，使这个家变得非常个性化

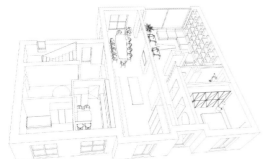

一层平面图

二层平面图

本页图： 图案复杂的瓷砖与釉面陶瓷水槽和浴缸形成鲜明的对比，这也是浴室的特色所在

对页图： 主卧的榻榻米床头板是仿照黏土峭壁雕刻的

独一无二的画布

美国，旧金山

这栋住宅是当代艺术家克拉瑞·赖斯（Klari Reis）的家，她和她的丈夫及儿子居住在此。这栋住宅曾是一个汽车修理厂，设计师将一辆1956年产的红色菲亚特汽车倒挂在天花板上，旨在向往昔致敬。

这栋住宅位于美国旧金山南市场（SOMA）的街区里，它同时也是一间工作室和一个展廊。其设计围绕光线、质地和材料展开，使这个家充满创意和生气。工作室和展廊位于一楼，以磨砂玻璃为立面主材料，这样既能引入光线，又能保证私密性。住宅后方倾斜的玻璃门通往小型露台，那里可以在业主举办展览和各种活动时被用作扩展空间，完全开放时还可以实现室内主要空间的自然通风。二层则采用阁楼式设计，那里是居住区域。

住宅的内部庭院与郁郁葱葱的花园围墙中和了建筑原有的冰冷的工业气息；上方的天窗将自然光线和新鲜空气引入室内，营造了微风拂面的感觉，并且使空间看起来更加宽敞。建筑内部原有的混凝土墙面局部裸露，与经过处理的部分形成鲜明对比；建筑外墙得到了修复并被漆成了黑色。至此，原建筑的痕迹已经基本不在了——除了那辆倒挂的红色汽车。

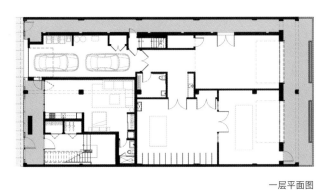

一层平面图

二层平面图

对页图：倾斜的玻璃门通向可以举办活动的
小型露台，空间由此得到延伸

本页图：天窗将新鲜空气引入内部空间

217

本页图：书房就像是一处私人庇护所

对页图：业主可以根据需要关闭走廊的大门，
以保证私密性

艺术家的小屋

西班牙，马德里

这是设计师皮亚·门达罗（Pia Mendaro）为其好友克拉拉·塞布里安（Clara Cebrian）设计的住宅兼工作室。克拉拉是一位艺术家，她不喜欢过度设计，而是钟情于可以随着需求的变化而改变的空间。因此，小屋的设计完全从生活的基本需求出发，营造了一种"几乎什么都没有"的空间氛围。

这里原是一个不大的仓库，屋顶由两个钢制椽条支撑。为了使这个"几乎什么都没有"的空间看起来也能如"几乎什么都有"一样，房屋内的陈设较为松散。设计中有三个关键点：一是维持空间原本的方形结构，二是业主购买的厨房用具要合理安置，三是下水管道的位置不能改变。设计师因此在空间内设置了一堵"挡墙"，前面是开放式厨房，后面是浴室及其他设施。厨房成了空间的主角。

关于卧室的位置，设计师和业主设想过多种方案，最后决定让床铺脱离地面。他们在仓库内设置了一张吊床，并与室外建立联系，因为他们认为这样有助于身心健康。轻质半悬挂式平台反过来为部分屋顶结构提供支撑。平台最多可以承受 5 个人的重量。此外，设计师还设计了可以隐藏起来的带轮子的梯子，方便居住者上下。吊床最终成为该项目的亮点所在，对营造轻松、愉悦的空间氛围起到了关键作用。

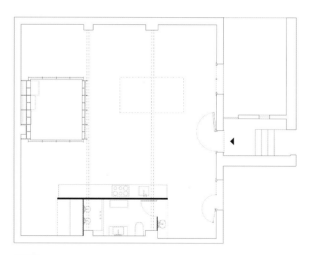

平面图

湖畔的住宅

美国，鳟鱼湖

这栋时尚而简约的住宅是布拉德（Brad）和朱丽叶（Julie）的寓所，他们分别是画家兼摄影师和纺织艺术家兼设计师。这对夫妇的首要要求是将住宅与周围的迷人景观联系起来，同时住宅内还需设有工作室——这个空间虽然是独立的，却与整栋建筑保持着联系。绝佳的地理位置为这栋住宅提供了良好的背景环境：周围是林木覆盖的山丘，距离白鲑鱼河（White Salmon River）仅有几步之遥。

建筑采用最少饰面的、低维护成本的材料。项目场地内共有四栋建筑，分成两组：住宅和工作室。推拉式谷仓门和双折叠门使视野范围最大化，并将光线引入建筑内部，住户也可以由此欣赏到外面的风景。同时，大扇拉门也便于大型艺术品和设备的进出。

住宅主体位于 T 形建筑群内，工作室、车库和带顶庭院位于交叉处。卧室设在二层，书房、开放式厨房、客厅和餐厅则设在一层。双面壁炉将各个区域分隔开来，使整个空间都可以保持温暖。住户可以通过一条小径进入另一组建筑群，那里可以举办休闲活动和社区艺术研讨会，还设有客房和一间独立的大型艺术工作室——两位艺术家就在这里进行创作。毫无疑问，潺潺的河水和亚当斯山的壮丽景色为他们提供了无限的创作灵感。

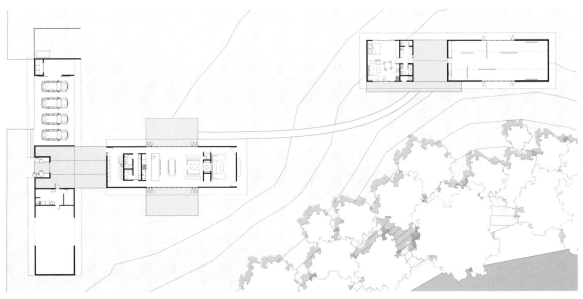

平面图

本页图：大型工作室延续了主要生活区的设计特点

加州的作家公寓

美国，洛杉矶

这间公寓位于洛杉矶市中心的商住两用区，是为了满足业主夫妇两种不同的艺术追求而设计的。这是都市中的一个强调创意环境的休憩空间，为作家和游戏设计师夫妇玛丽（Marie Lu）和普里莫（Primo Gallanossa）提供了一处温馨的住所——当他们结束漫长的新书宣传活动或其他工作后，可以在这里专心致志地进行创作。

受到夫妇二人的背景及他们的共同兴趣的启发，设计师从游戏"纪念碑谷"（Monument Valley）中汲取灵感，并通过创造性的重复方式对其所采用的几何图形进行解读。这些重复的几何图形既能打造写作所需的静谧环境，又能给游戏设计带来灵感，同时还满足了业主夫妻二人对工作环境的要求。公寓通过具有创意的中央空间实现各区域的连接。该区域以预制的木质建筑材料为标志，参考了游戏中的倾斜平面和墙壁场景：一边是作家写作时用的桌子，另一边是有棱角的三维娱乐区。这个区域还可以放置书架或其他用于装饰和陈列的家具，起到分隔空间的作用。

惊喜还不止于此，设计师还还原了游戏中的场景：地毯上的带状图案变成了生动的壁画出现在墙上，就好像将游戏中的二维线条和图形变成了三维的游戏界面。窗边的那架小型三角钢琴可以激发业主夫妇的创作灵感，也使整体空间更具艺术气息。设计师通过让人意想不到的、大胆的表达，打造了一个充满活力、令人着迷的家。

本页图：中央创意区是一个具有双重功能的区域，可以满足夫妇二人不同的职业需求

对页图：钢琴能让人暂时从工作中解脱出来：手指好像在说话一般，弹奏出舒缓心灵的旋律

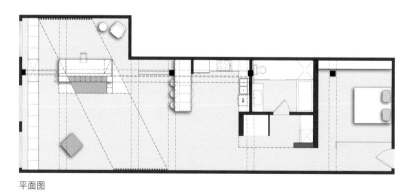

平面图

项目信息

城市中的大型展示墙 4~11
DOG建筑事务所 | www.dog-archi.com
项目地点：日本，二宫町
完成时间：2019
摄影：高江聪

艺术家的住宅 12~21
Heliotrope建筑事务所 | www.heliotropearchitects.com
项目地点：美国，西雅图
完成时间：2016
摄影：本杰明·本施奈德

林荫道上的住宅 22~31
Clancy Moore建筑事务所 | www.clancymoore.com
项目地点：爱尔兰，都柏林
完成时间：2018
摄影：芬恩·麦卡恩

林中的庇护小屋 32~41
Rodrigo Simão 建筑事务所 | www.rodrigosimao.com.br
项目地点：巴西，瓦尔达斯韦德拉斯
完成时间：2019
摄影：安德烈·纳萨雷特

作家和园林设计师的高架住宅 42~49
TAKATINA设计公司 | www.takatina.com
项目地点：美国，纽约
完成时间：2018
摄影：菊山美纪子

淡水艺术之家 50~57
大卫·博伊尔 | www.davidboylearchitect.com.au
项目地点：澳大利亚，悉尼
完成时间：2018
摄影：布雷特·博德曼

花园房子 58~65
Hayhurst建筑工作室 | www.hayhurstand.co.uk
项目地点：英国，伦敦
完成时间：2015
摄影：基利恩·欧沙利文

隐居之所 66~77
Dan Brunn建筑事务所 | www.danbrunn.com
项目地点：美国，洛杉矶
完成时间：2016
摄影：布兰登·滋田

家庭艺术工作室 78~83
Zero 85 建筑工作室，尔吉奥·萨拉 | www.studiozero85.com
项目地点：意大利，马诺佩洛
完成时间：2011
摄影：塞尔吉奥·坎普洛内

陶艺师的家 84~91
Arhitektura城市与建筑设计公司 | www.arhitektura.site
项目地点：斯洛文尼亚，卢布尔雅那
完成时间：2020
摄影：米兰·坎比奇

画家的家 92~101
DTR建筑工作室 | www.dtr-studio.es/en/
项目地点：西班牙，高辛
完成时间：2015
摄影：克里斯·贝尔特伦

作家的住宅 102~107
伊涅斯塔·诺埃尔建筑事务所 | www.iniestanowell.com
项目地点：西班牙，赫雷斯－德拉弗龙特拉
完成时间：2016
摄影：拉斐尔·伊涅斯塔·诺埃尔

莎曼巴住宅 108~119
罗德里戈·西芒建筑事务所 | www.rodrigosimao.com.br
项目地点：巴西，彼得罗波利斯
完成时间：2014
摄影：安德烈·纳萨雷特

隐秘的居所 120~127
尼尔森·詹金斯 | www.nielsenjenkins.com
项目地点：澳大利亚，布里斯班
完成时间：2019
摄影：沙塔努·斯塔里克

黄铜之美 128~135

Modijefsky工作室/Molen工作室|www.studiomodijefsky.nl/
www.studiomolen.nl

项目地点：荷兰，赞丹

完成时间：2020

摄影：马尔滕·威廉斯泰因

索诺玛风情 136~143

Mork-Ulnes建筑事务所|www.morkulnes.com

项目地点：美国，塞巴斯托波

完成时间：2013

摄影：布鲁斯·达蒙特，格兰特·哈德

梅洛公寓 144~151

克拉丽斯·塞梅雷尼建筑事务所|www.semerene.com

项目地点：巴西，巴西利亚

完成时间：2019

摄影：乔阿纳·弗兰卡

韦伯斯特的工作室 152~161

Adjaye联合事务所|www.adjaye.com

项目地点：英国，伦敦

完成时间：2019

摄影：艾德·里夫

音乐之家 162~169

SHUBOCHKINI建筑事务所|www.en.shubochkini.com

项目地点：俄罗斯，新西伯利亚

完成时间：2020

摄影：阿纳斯塔西亚·缅希科大

建筑师的住宅 170~175

谢尔盖·赫拉博罗夫斯基|www.Khrabrovskiy.ru

项目地点：俄罗斯，莫斯科

完成时间：2020

摄影：米哈伊尔·洛斯库托夫

彼得的家 176~185

大卫·图尔斯特鲁普|www.studiodavidthulstrup.com

项目地点：丹麦，哥本哈根

完成时间：2015

摄影：彼得·克拉西尔尼科夫

雷吉娜的家 186~195

OAB建筑事务所|www.ferrater.com

项目地点：西班牙，高斯

完成时间：2020

摄影：琼·吉亚马

乌克兰现代住宅 196~209

谢尔盖·马克诺|www.mahno.com.ua

项目地点：乌克兰，基辅

完成时间：2019

摄影：沙希利·卡杜林

独一无二的画布 210~219

杜米肯·莫西建筑事务所|www.dumicanmosey.com

项目地点：美国，旧金山

完成时间：2017

摄影：塞萨尔·鲁比奥，柯尔斯顿·赫伯恩

艺术家的小屋 220~225

皮亚·门达罗|www.piamendaro.com

项目地点：西班牙，马德里

完成时间：2020

摄影：曼纽尔·奥卡尼亚

湖畔的住宅 226~235

奥尔森·昆迪希|wwww.olsonkundig.com

项目地点：美国，鳟鱼湖

完成时间：2016

摄影：杰里米·比特曼

加州的作家公寓 236~243

CHA:COL建筑工作室|www.chacol.net

项目地点：美国，洛杉矶

完成时间：2016

摄影：爱德华·杜阿尔特

图书在版编目（CIP）数据

艺术家的家 / 《艺术家的家》编写组编；潘潇潇译 . — 桂林：广西师范大学出版社，2021.6

ISBN 978-7-5598-3742-4

Ⅰ.①艺… Ⅱ.①艺… ②潘… Ⅲ.①住宅-室内装饰设计
Ⅳ.①TU241

中国版本图书馆CIP数据核字(2021)第069811号

艺术家的家
YISHUJIA DE JIA

责任编辑：冯晓旭
助理编辑：杨子玉
装帧设计：吴　迪
广西师范大学出版社出版发行

（广西桂林市五里店路9号　　　邮政编码：541004）
（网址：http://www.bbtpress.com）
出版人：黄轩庄
全国新华书店经销
销售热线：021-65200318　021-31260822-898
恒美印务（广州）有限公司印刷
（广州市南沙区环市大道南路334号　邮政编码：511458）
开本：889mm×1 194mm　　　1/16
印张：16　　　　　　　字数：131千字
2021年6月第1版　　　2021年6月第1次印刷
定价：248.00元

如发现印装质量问题，影响阅读，请与出版社发行部门联系调换。